猫侦探的
数学谜题

杨嘉慧 施晓兰 / 著
郑玉佩 / 绘

神秘的读心术

长江出版传媒 | 长江文艺出版社

目录

01 数字蛋糕切一切　四则运算 100 以内数的认识 ………… 1

02 周年庆的神秘小礼物　四则运算 100 以内加减法 ………… 5

03 河狸先生的树枝游戏　几何图形 移火柴 ………… 9

04 蛋糕变变变　几何图形 七巧板 ………… 13

05 神秘的读心术　四则运算 表内乘法 ………… 17

06 谁先加到 15 ?　逻辑推理 ………… 21

07 圆盘该怎么移动?　逻辑推理 ………… 25

08 藏在金蛋里的糖果　逻辑推理 ………… 29

主角介绍

猫儿摩斯

　　拥有一流推理能力和敏锐的数学逻辑头脑的猫侦探——猫儿摩斯登场喽！每当森林里的小动物们遇到困难，猫儿摩斯就会及时出现，协助破解谜团。猫儿摩斯常常让爱贪小便宜的狐狸老板气得跳脚呢！

09 寻找花奶奶　逻辑推理 ⋯⋯⋯⋯⋯⋯⋯⋯⋯⋯⋯⋯⋯⋯⋯ 33

10 抽色卡，比大小　逻辑推理 ⋯⋯⋯⋯⋯⋯⋯⋯⋯⋯⋯ 37

11 青蛙哥哥去旅行　逻辑推理 ⋯⋯⋯⋯⋯⋯⋯⋯⋯⋯ 41

12 鸽大婶和狼大叔，谁说得对？　逻辑推理 ⋯⋯ 45

13 跳蚤市场寻宝去　逻辑推理 ⋯⋯⋯⋯⋯⋯⋯⋯⋯⋯ 49

14 惹祸的阿墨　逻辑推理 找规律 ⋯⋯⋯⋯⋯⋯⋯⋯ 53

15 被打乱的图案　逻辑推理 找规律 ⋯⋯⋯⋯⋯⋯ 57

解答 ⋯⋯⋯⋯⋯⋯⋯⋯⋯⋯⋯⋯⋯⋯⋯⋯⋯⋯⋯⋯⋯⋯⋯⋯⋯⋯⋯ 61

每个名侦探都有一位得力助手，偏偏助手猫儿花生有点迷糊，有时候会误导办案，甚至好几次把证物吃掉了！

猫儿花生

狐狸老板

在森林开商店的狐狸老板，生意头脑超级好，总是用一些谜题或盲点来大发黑心财！

数字蛋糕切一切

狐狸老板失踪了！他每天七点准时开店，今天到八点了还不见人影，店门口还发现了一张奇怪的涂鸦纸。

听说狐狸老板中了大奖，该不会被绑架了？

看看门上的涂鸦纸能提供什么线索？

哇，怎么这么热闹？

还好，狐狸老板没有被绑架。

我被绑架？我是去找猫儿摩斯，找了一个上午才找到他。

原来是这样。对了，门上这张纸画的是什么啊？

昨晚客人订了两个数字蛋糕，做好后还得分别切成三块和六块。我想了半天，不知怎么切才好。

这是客人的要求。

1. 巧克力口味：切六块，每一小块巧克力蛋糕的数字相加得数全部相等。

2. 香草口味：切三块，每一小块香草蛋糕的数字相加得数全部相等。

我不管怎么切，数字和都不同。

这不难啊！只要把小数字加大数字就好了。我们先简化问题，把数字减为1~4。

这题我会切！最小数1加最大数4等于2加3。

现在换回12个数字。把表格中相同颜色的数字加起来，看看有什么发现？

A	1	2	3	4	5	6
B	12	11	10	9	8	7
A+B	13					

表格中的数字和，都一样吗？

答案全是 13。

我看出规律了！

最小数字 + 最大数字
= 第二小数字 + 第二大数字
= 第三小数字 + 第三大数字 =……
依此类推。

$$1+12=2+11=3+10=4+9=5+8=6+7=13$$

没错！共有 6 组数字相加的和为 13。

巧克力蛋糕的问题解决了！

六组数字，两两合并成一组，可以得到 3 组和为 26 的数字，它可以解答香草蛋糕的问题。

例如：
$$1+12+3+10=26$$
$$2+11+5+8=26$$
$$4+9+6+7=26$$

蛋糕上的数字位固定，选以下这组，比较好切。

1 2 3 4 5 6 7 8 9 10 11 12

参考巧克力蛋糕的切法，香草蛋糕少切三刀就解决了。

太好了！客人订的数字蛋糕，价格是普通蛋糕的三倍呢！

多赚的钱，是不是该分给我呢？

数学追追追

想想看，蛋糕上的数字改成2，4，6，8，10，12，一样切三块，每小块数字和一样，则相加的结果是多少？

（答案请见61页）

周年庆的神秘小礼物

花花文具店举办周年庆，文具用品全部大打折扣！更令人期待的是，买满 50 元，送神秘小礼物，每人限领一份。小羊、小兔看到广告单，好心动！

花花文具店每一样文具都比狐狸老板卖得便宜。

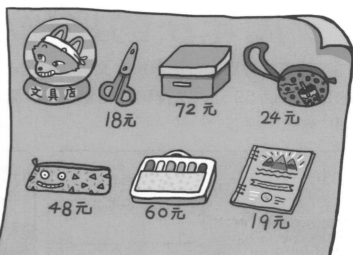

文具店
18元　72元　24元
48元　60元　19元

别忘了，你们坐公交车到花花文具店，来回一趟每人要20元车钱。

加上20元车费，说不定花了更多钱。

+20元

把我们买的文具费用加起来，看看便宜多少钱。

也可以做个表格，比较花花文具店和狐狸老板的售价，看差多少，就知道值不值得跑一趟了。

算一算，花花文具店的手工用剪刀和狐狸老板卖的手工用剪刀，差多少钱？

东西的差价怎么算？

手工用剪刀狐狸老板卖18元，花花文具店卖15元，价钱相差3元。3元就是差价。

18 - 15 = 3

把每样商品相差的金额做成表格，在花花文具店购买文具，可以省23元。

品　名	花花单价	狐狸单价	节省金额
手工剪刀	15	18	3
收纳盒	60	72	12
防水笔袋包	40	48	8
合　计	115	138	23

138 - 115 = 3 + 12 + 8 = 23

我省17元。

品　名	花花单价	狐狸单价	节省金额
彩色笔	50	60	10
零钱包	20	24	4
笔记本	16	19	3
合　计	86	103	17

103 - 86 = 10 + 4 + 3 = 17

再扣掉车资20元。

23 - 20 = 3

17 + 3 = 20

17元不够付车资，要多花3元。

小兔，我可以帮你买。

可是每个人只能拿一份到店礼。

说不定到文具店逛一圈后，会改变原先想购买的东西。

好吧！为了神秘小礼物，我决定和小羊一起去花花文具店！

看来，花花文具店的营销策略很成功！

数学追追追

先计算个别商品相差的金额，再计算总共节省多少钱。

请问：小羊到花花文具店后，还想买书套和铅笔盒，但是钱没带够，只能买其中一样。花花文具店的书套和铅笔盒分别是 15 元、20 元。狐狸老板的售价分别是 19 元和 21 元。买哪一个才能省最多钱呢？

（答案请见61页）

03

河狸先生的树枝游戏

河狸先生很会盖房子，他经常拿造房子剩下的树枝，在地上排图形，动脑玩游戏。

> 河狸先生早！

> 你们要和我一起动脑玩游戏吗？

> 好哇，看起来很有趣。

> 我现在玩的这题是移动 3 根树枝，让 3 个正方形变成两个正方形。

> 任意 3 根树枝都可以吗？

> 是的，我试了很久，还没解出答案呢！

> 这种游戏可以先数数图案上共有几根树枝；再想想围成正方形需要几根树枝。

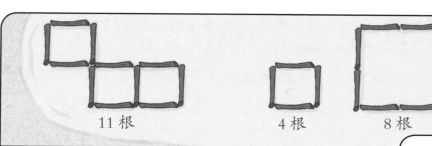

11 根   4 根   8 根

像这题共有 11 根树枝，而 1 个正方形，可由 4 根树枝围起，也可以由 8 根树枝围出正方形。

如果排成一大、一小的正方形，需要 12 根树枝，目前少一根。

有了！让两个正方形共享 1 根树枝就能解决了。

大、小正方形共享 1 根树枝，只需 11 根。

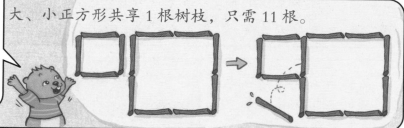

解出来啦！

用同样的思考方法，试试第二道题目吧！

请移动两根树枝，让 5 个正方形变成 4 个正方形。

数一数，图形用到几根树枝？

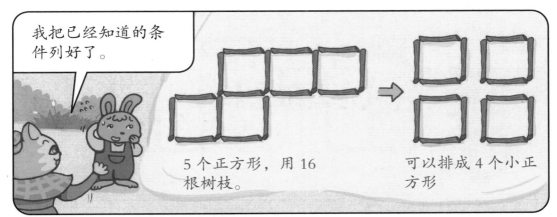

我把已经知道的条件列好了。

5 个正方形，用 16 根树枝。

可以排成 4 个小正方形

嘿嘿，我排出来了！

呜……被抢先一步！

别急，还有其他解法。也能排成 1 个大的、3 个小的正方形哦！

1 个大正方形和 3 个小正方形，共需要 20 根，若共享 4 根树枝，只需要 16 根。

这是我想到的解法。

这样也是移动两根。

移动树枝的游戏，有时不止一个解法，只要符合题目要求，都是对的答案。

数学追追追

漫画中的游戏，一般称作"火柴棒游戏"，可以训练对图形、边长数量的掌握能力。

左图是9根火柴棒排成的3个三角形，请移动3根火柴棒，让三角形变成5个。

（答案请见61页）

04

蛋糕变变变

牛老板的蛋糕店发生偷窃案，歹徒偷走了限量款的芝士蛋糕。

不过，警长很快就抓到了嫌犯羊小子……

牛老板，这个小子家里有1块芝士蛋糕！

难怪昨天看到他在蛋糕店附近鬼鬼祟祟的！

冤枉呀！我的蛋糕是跟猪老板买的，不是在你们店里拿的呀！

喔？有什么证据？

牛老板卖的蛋糕是正方形的，但是我买的蛋糕是梯形的！

正方形

梯形

才怪！这个蛋糕一看就是我们家做的！

你有什么话说？

那你可以解释为什么正方形蛋糕会变成梯形蛋糕吗？

呜呜！欺负我数学不好！

警长，先别下定论！羊小子的蛋糕可能真的是牛老板的！

真的吗？但是这两种蛋糕的形状不一样！

咦，好像真的弄错了！

你们没有注意到吗？这块梯形蛋糕已经被切成3块了！

那又怎么样？蛋糕本来就是要切开才能吃呀！

也许蛋糕本来是正方形，经过切开重组后，才会变成梯形！

对耶！

正方形可以组成梯形？笑死人了！

嗝！好饱！

什么？你把证物蛋糕吃光光了？

看来要把蛋糕拿来组合看看了！

呼呼……好险！

正方形可以变成梯形吗？怎么做呢？你也来想一想吧！

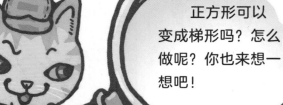

没有蛋糕了！一点证据也没有！

没关系！我们用折纸来想象一下吧！

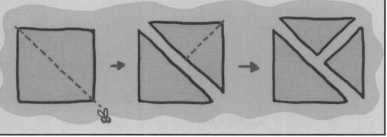

先拿1张正方形的纸，把它分割成3个三角形！

想想看！这3个三角形能重新组合成多少种图形？

我会组合成三角形！

简单！我会组成长方形！

哼哼！你们都太弱了！看我的平行四边形！

哇！果然厉害！只要改变排列，图形就完全不同了！

玩过七巧板吗？将正方形切割成几个图形，就可以组合成很多图案，是不是很有趣呢？这一次猫儿摩斯介绍的是比较简单的三巧板，也就是将正方形切割成 3 个图形，借此变化出很多几何图形。不论是七巧板还是三巧板，都是把相同面积的图形切割，然后再把小片面积移动变换的结果。

现在就来挑战一下七巧板，看看能变换出多少种图形吧！

七巧板的切割：

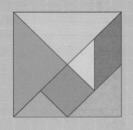

七巧板组合出来的图形：

神秘的读心术

TOP 森林里来了一位神秘的猴子算命仙，不但会读心术，还会算命喔！

来哟！算命大特价，一次只要5根香蕉。

你会算命？骗人的吧？

一定是来骗香蕉的！

哼，不信的话，我让你们免费玩一次读心术。

读心术？

现在你们每个人从1到9的数字中挑一个数字，不要告诉我。

然后把它乘以9！

再把答案的十位数和个位数加起来，得到一个数字。

$2 \times 9 = 18$
$1 + 8 = 9$

$5 \times 9 = 45$
$4 + 5 = 9$

$7 \times 9 = 63$
$6 + 3 = 9$

05

17

只要你教我们写数学作业，要多少香蕉都没问题！

没问题！都交给我吧！

这些动物的数学真的很不好！

为什么把 1～9 的任何数字乘以 9，再把答案的个位和十位数加起来，结果都会等于 9 呢？

呵呵，只要把所有 9 的乘法式子都列出来，就会很清楚了！

数学追追追

当你把 9 的乘法的乘数从 1 排到 9，就会发现一个有趣的规律：每当答案的十位数多 1，个位数就会少 1，所以十位数加上个位数的答案永远都一样，也就是 9。

$9 \times 1 = 9$

$9 \times 2 = 18$

$9 \times 3 = 27$

$9 \times 4 = 36$

$9 \times 5 = 45$

$9 \times 6 = 54$

$9 \times 7 = 63$

$9 \times 8 = 72$

$9 \times 9 = 81$

试试看，如果把 9 继续乘以 10 以上的数字，结果又会如何呢？

哎哟！我要找猴子数学大师帮忙了！

06

谁先加到 15？

狐狸老板的数学非常好，最会算加减法。为了证明自己很厉害，他请大家玩"加起来等于15"的游戏。

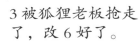

哇~哈~哈~哈~

我的数学真的不错吧。

表格中的数字，三个一组有8种组合，每一组数字加起来等于15。把它们全找出来，就能掌握诀窍了。

在哪里啊？

提示：
直的、横的、斜的都有。

我找到两组斜的了。

横的有 3 组。

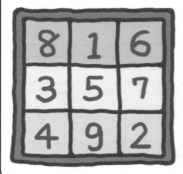

直的也有 3 组。

原来是井字游戏嘛。

没错,玩家如果没有看出是井字游戏,很容易被数字搞糊涂,因此会输掉。

竟然这么快就被发现了。

数学追追追

狐狸老板再次出题。要从 1 ~ 7 当中,选 3 个数字,让它们相加等于 12。他在游戏表上写了 3 个数字,剩下的空格该填什么,才能让在同一条线的数字加起来等于 12?

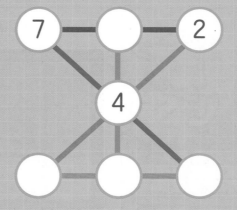

(答案请见 61 页)

圆盘该怎么移动?

07

广场举办园游会,吃的、玩的样样有。小羊和小兔来到"叠叠乐"的摊位前,听浣熊姐妹介绍游戏规则。

谁想挑战将两个圆盘从左边移到右边?

我!我要玩!

欢迎可爱的兔妹妹!

游戏规则:
1. 一次只能移动一个圆盘到别的木桩。
2. 大圆盘不能叠在小圆盘上面。

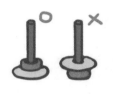

是这样吗?

大圆盘移到最右边!

小圆盘叠上去就完成了!

兔妹妹好聪明,这么快就解出来了。

想不想挑战下一关？

我想和小羊一起挑战，可以吗？

没问题！

哇，太棒了。

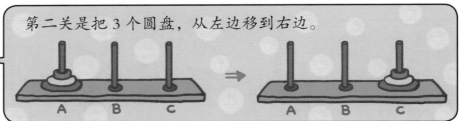

第二关是把 3 个圆盘，从左边移到右边。

这样移，好像不行。

才加一个圆盘，怎么就变得这么难？

你们有一次求救的机会，可以请现场的朋友帮忙喔！

太好了，我们想请猫儿摩斯帮忙。

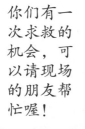

先试试看，怎么把上面两个圆盘移到中间呢？

移动圆盘游戏的名称叫"河内塔"，它是由法国数学家卢卡斯发明的。据说它源自印度一间寺庙，这间寺庙有 3 根木柱和 64 个圆盘，僧侣们只要按规则将 64 个圆盘从左边移到右边，万物就会通往极乐世界。

河内塔游戏会随着堆叠的盘子增多而提高难度，若一开始就挑战 64 个圆盘，一定会感到非常挫败。

来帮小羊、小兔想想，怎么移动 4 个圆盘到右边？（提示：先将上面 3 个圆盘移到中间。）

（答案请见61页）

藏在金蛋里的糖果

一向精明的狐狸老板，也有糊涂的时候。这几天，他经常心不在焉，忘东忘西，不知道是不是生病了？

惨了，弄乱了。

弄乱了什么？

客人订了 20 颗金蛋，让我在每颗金蛋里，藏 1 颗牛奶糖或巧克力。

巧克力

牛奶糖

20 颗金蛋里共有 10 颗巧克力和 10 颗牛奶糖。我包了 16 颗金蛋，但不知道放了几颗牛奶糖，几颗巧克力。

看样子，你得拆掉重包，才知道数量。

金蛋很难包，会来不及交货的。

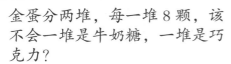
金蛋分两堆，每一堆8颗，该不会一堆是牛奶糖，一堆是巧克力？

原本我是想这样分，结果弄乱了。

你记得哪些线索？

两堆金蛋都有巧克力和牛奶糖，我只记得左边这一堆有6颗巧克力。

左   右

16颗金蛋里，巧克力总数比牛奶糖少。

有这些信息，就可以知道金蛋里的秘密了！

如果巧克力和牛奶糖的总数量一样多，它们分别有几颗？

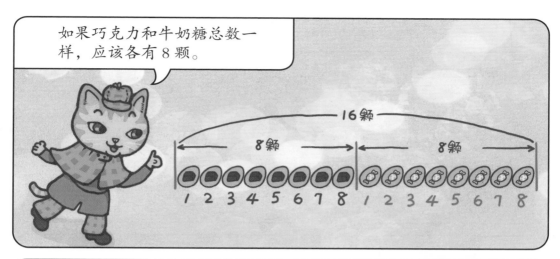

如果巧克力和牛奶糖总数一样，应该各有 8 颗。

巧克力比牛奶糖少，所以巧克力不可能是 8 颗，最多只有 7 颗。

左边这一堆有 6 颗巧克力。

另一堆巧克力和牛奶糖至少各有 1 颗。

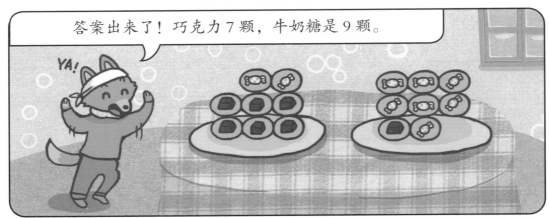

数学追追追

　　本次游戏主要学习比较不同东西谁多、谁少或相等。请利用此概念，解答以下问题。苹果、水梨、橘子三种水果的总数是12颗，苹果和水梨一样多，水梨比橘子多，请问三种水果的数量各是多少？

　　提示：可以假设苹果数、水梨数都是1颗时，橘子为多少颗？再假设苹果数、水梨数都是2颗……依此类推。

（答案请见61页）

寻找花奶奶

09

放学回家，花姐姐发现花奶奶不在家，邻居、朋友都不晓得她去哪里了。

奶奶不见了！她每天都会在家等我，今天放学却找不到她。

问过邻居和花奶奶的朋友，他们全都没有她的消息。不过，河马太太和鳄鱼爷爷提到过，花奶奶常抱怨牙齿痛、记忆变差。

没错，奶奶最近常忘东忘西，真怕她出门迷路，忘记怎么回家。

你们看，这桌上有几张字条。

这是奶奶写的，她习惯记下做过的事，但是不会特别写先后顺序。

先将字条逐一编号，
再慢慢推测顺序吧！

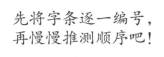

我和小兔用
英文字母
一一编号。

A	蛋糕面糊送入烤箱烘烤	
B	享受蛋糕配奶茶	
C	发现冰箱的蛋糕粉快过期	
D	准备樱桃蛋糕的食材	
E	搅拌蛋糕面糊	
F	清理冰箱	
G	改变计划	
H	用樱桃、鲜奶油装饰蛋糕	

事件可以分成两大类：
清理冰箱和做蛋糕。

冰箱看起来整理过了，但
是只整理到一半。

茶几上有吃剩的樱
桃和蛋糕。

想一想，清理
冰箱和烤蛋糕，哪
一件事先发生？

34

一定是先清理冰箱，再做蛋糕，因为清理冰箱时，发现蛋糕粉快过期，所以改变计划，做蛋糕。

F 清理冰箱

C 发现冰箱的蛋糕粉快过期

G 改变计划

我做过蛋糕，步骤是准备材料，然后拌面糊，再烤蛋糕，最后才做装饰。

D 准备樱桃蛋糕的食材

E 搅拌蛋糕面糊

A 蛋糕面糊送入烤箱烘烤

H 用樱桃、鲜奶油装饰蛋糕

花奶奶这天的活动表推测出来了，失踪前，她在吃蛋糕配奶茶。

F 清理冰箱

C 发现冰箱的蛋糕粉快过期

G 改变计划

D 准备樱桃蛋糕的食材

E 搅拌蛋糕面糊

A 蛋糕面糊送入烤箱烘烤

H 用樱桃、鲜奶油装饰蛋糕

B 享受蛋糕配奶茶

花奶奶很爱吃甜食，蛋糕没吃完就跑出门，到底是什么原因？

这次游戏是做逻辑推理，训练"因为……所以……"的判断。漫画中，小兔最后十分肯定地说，花奶奶出门前吃蛋糕配奶茶，也是推理得来的："因为烤了蛋糕，所以才有蛋糕吃"；此外还有"花奶奶因为牙疼，所以去看医生"。

想一想，花姐姐去逛街，以下事件的先后顺序为何？

A. 付钱给老板　　B. 挑喜欢的饮料　　C. 喝饮料　　D. 口渴

（答案请见62页）

抽色卡，比大小

10

今天下午，小羊和小兔在公园里玩"猜数字"游戏。

我提议来挑战更难的比大小游戏。

好哇，怎么玩呢？

我有副彩色卡片，每张卡片背面有一个数字，你们先挑五张卡片。

小兔，你挑吧！

我挑红色、紫色、蓝色、绿色和黄色卡片。

好的，请根据我的提示，将数字卡片由小排到大，紫色卡片的数字，我用"紫"表示。提示是

❶ 紫<黄　

❷ 黄<蓝<绿　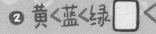

❸ 绿<红　

❹ 黄<红　

好多颜色，这要怎么猜呢？

从第一个和第二个提示，可以得出什么样的关系？

"紫＜黄"是指紫色卡片的数字比黄色卡片小，那"黄＜蓝＜绿"是什么意思？

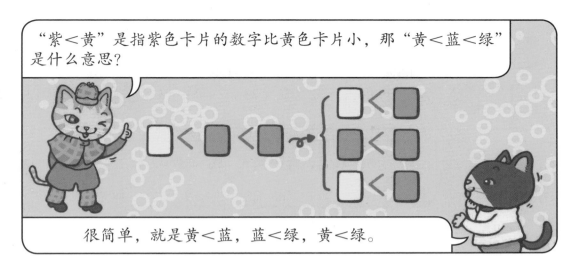

很简单，就是黄＜蓝，蓝＜绿，黄＜绿。

换句话说，三个数字中，黄色卡片是最小的，绿色卡片最大。我来出个题目，你们动动脑，想一想。

现在有 3 个数字，它们的关系是 5＜a＜9，想想看，"a"可能是什么数字呢？

5 小于 a、
a 小于 9……
a 可能是
6，7，8。

答对了！再来看这两个提示：
"紫＜黄"和"黄＜蓝＜绿"，你们发现了什么？

我知道！紫＜黄＜蓝＜绿。

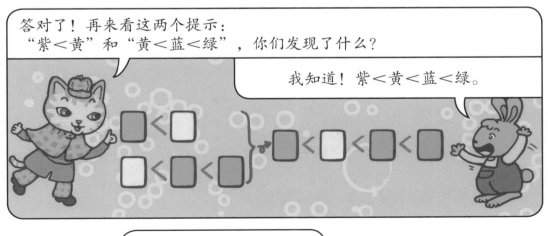

很好，反应很快。

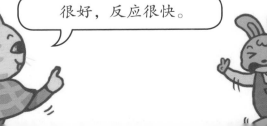

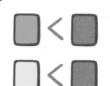 

接下来是"绿＜红""黄＜红"，绿色比红色小，黄色也比红色小，那红色一定是最大的。

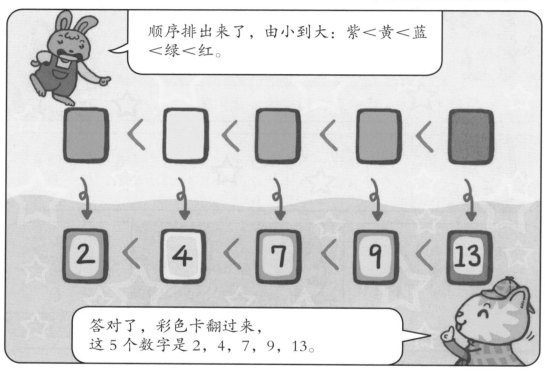

顺序排出来了，由小到大：紫＜黄＜蓝＜绿＜红。

$2 < 4 < 7 < 9 < 13$

答对了，彩色卡翻过来，这 5 个数字是 2，4，7，9，13。

数学追追追

 小于　　 等于　　 大于

这三个符号是用来比较两个数字的大小关系的。例如 4 比 8 小，可写作 4 ＜ 8 或 8 ＞ 4。

现在，小羊抽了五张色卡，得到的提示如下：

① 蓝 ＞ 红 ＞ 绿

② 红 ＞ 紫 ＞ 绿

③ 绿 ＞ 黄

请依顺序将它们由大排到小。

（答案请见62页）

青蛙哥哥去旅行

11

青蛙哥哥自己去旅行，他留了一封信和一个包裹，请猫儿花生拿给小羊、小兔。

小羊、小兔：

　　我一个人去旅行了，想知道我去哪吗？我留了一本旅行书和一张密码表，只要看出密码表的规律，便知道我去哪里旅行。一星期后，我会带当地的特产回来哦！

青蛙哥哥

里面有一本旅游书，以及一张画着格子图案的纸。

格子图一定是密码表。

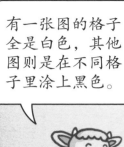

有一张图的格子全是白色，其他图则是在不同格子里涂上黑色。

仔细观察黑色格子的位置和数字的关系，搞不好会有什么发现。

咦，旅游书里头夹了一张格子图，旁边没有标数字或数学算式。

旅游书介绍好多景点，每页都不同……我懂了，解出页码，便知道青蛙哥哥的旅游景点了。

格子图分成白色和黑色格子，各代表什么意思？

方格如果是白色，就表示格子的数值是0。

想一想，黑格子的位置，与数字有什么关联？

左上角涂黑，代表数值是1，右上角则是3……如果有两格黑色，就把涂黑的数字加起来，就是格子图隐藏的数字。

1 + 3 = 4

我知道了，右下角的格子是6。

1 + 6

那这个图上排第二格的就是2。

2 + 4 + 6

解出答案了！旅行书夹的图案是10，第10页介绍的是什么呢？

2 + 3 + 5 = 10

数学追追追

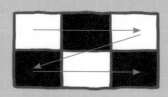

这期的游戏概念和手机扫码有点类似。扫码是扫二维码图案上的白色与黑色方格，白色代表 0，黑色代表 1。判读顺序是由左到右，再由上往下，图案经过扫描，会分别得出一组由 0，1 排列而成的六位数字，例如 101001，010110。

想想看，以下图案扫出来的数字是什么？

→ 阅读动线

（答案请见62页）

鸽大婶和狼大叔，谁说得对？

做事细心、从没犯过错的鸽大婶，今天遇到麻烦事，一位狼大叔到邮局跟她要钱。

鸽大婶，你描述一下昨天的卖邮票情形。

昨天客人很多，有趣的是，卖出的邮票，全都可以连续撕成 2 张或 3 张。

什么是连续撕？

一大张邮票有 4 种不同金额的小邮票，可以撕出 1，2，3，4 元，如果都不撕，就是 10 元。

1+2+3+4=10

连续撕就是撕两张以上，撕的时候不中断，例如买 6 元，就撕 2，4 元或 1，2，3 元；8 元就撕 1，3，4 元的邮票。

6元　　　8元

狼大叔，你确定你买了 5 元邮票？

当然啰！而且是连续撕成 2 张的。

从两人说的话，很难判断谁对谁错。

想想看，一大张邮票可以连续撕出几种金额的邮票？

只要看连续撕时可以撕出几种金额，便知道谁对谁错了！

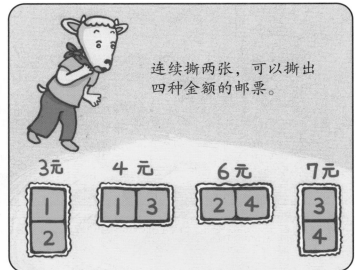

连续撕两张，可以撕出四种金额的邮票。

3元　4元　6元　7元

连续撕三张，也有四种可能。

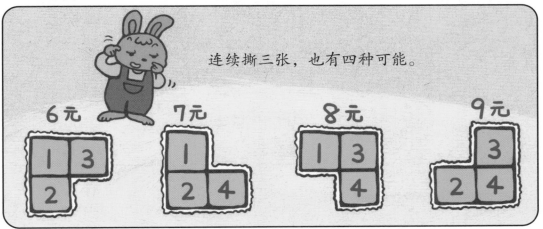

6元　7元　8元　9元

结论是，不管怎么撕，都无法撕出 5 元的邮票。

我年纪虽大，记忆力还是不错的。

47

1，4 和 2，3 两组数字之所以无法连续撕，是因为 1 在 4 的斜对角上，2 在 3 的斜对角上。不过连续撕三张时，1，4 可以借由 2 或 3 连接起来；2，3 也可以借由 1 或 4 相连成一组数字。

想想看，（1，5）、（2，3）、（3，5）、（4，8）、（6，8）这五组数字，哪一组的数字彼此没有在斜对角上？

1	2	3
4	5	6
7	8	9

（答案请见 62 页）

13

跳蚤市场寻宝去

大清早，小羊、小兔到广场，寻找喜欢的商品。那里正举办跳蚤市场，大家可以拿用不到的物品，交换喜欢的东西。

好想要冰淇淋制造机，但我们的东西不够换。

来跟我换声音清脆的风铃！

看起来很不错。

猫儿花生的陶笛好酷哦！

1 张书签和 2 本故事书可以换 1 个风铃哦！

4 张书签可以换 1 个陶笛，2 本书也可以换 1 个陶笛。

如果想同时拿到陶笛和风铃，该怎么换呢？

想一想，换了 1 个风铃，还剩几张书签，几本书？

你们两人一共有 6 张书签和 4 本书，风铃只有一种换法，先去换风铃吧！

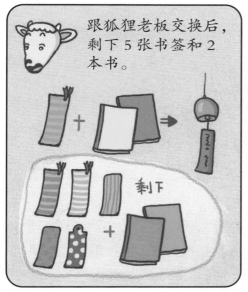

跟狐狸老板交换后，剩下 5 张书签和 2 本书。

剩下

我要拿剩下的 2 本书换陶笛。

交换后剩 5 张书签。

等等，小兔，1 张书签、2 本书还可以换 1 个风铃哦！

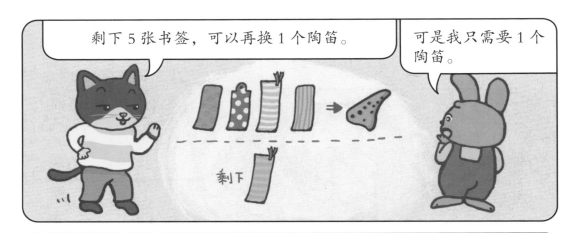

剩下 5 张书签，可以再换 1 个陶笛。

可是我只需要 1 个陶笛。

剩下

也可以跟我换苹果，1 个陶笛或 5 张书签可以换 1 个大苹果，1 张书签可以换 1 个小苹果。

　　游戏中的跳蚤市场，是以物品交换物品的方式进行，也有用金钱交易的。跳蚤市场的商品计价方式和商店不同。商店的商品都有固定售价，而跳蚤市场同一种物品，只要双方觉得合理，便能顺利交易。

有办法同时换 1 个大苹果和 1 个小苹果吗?

（答案请见 62 页）

14

惹祸的阿墨

蜗牛姐姐下星期要上台演奏钢琴，她请彩绘师刺猬先生在她的外壳上画美丽的图案，希望能美美地上台表演。

糟了，有一格图案被涂黑了……

呜……我不知道这一格是什么图案，什么颜色。

这些小图案的排列有规律吗？

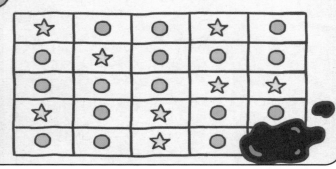

有的，我记得正中央的蓝点是起始点，向外走一格后转弯，还有……

啊！图案的排列方式和螺旋纹有关！

方格图案可以画出螺旋纹吗？

用点想象力就可以画出来了！

想想看，以中间蓝点为起点，不走斜角，有几种方向可以走？

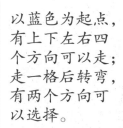

以蓝色为起点，有上下左右四个方向可以走；走一格后转弯，有两个方向可以选择。

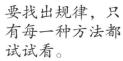

要找出规律，只有每一种方法都试试看。

先向右走，没找出图案规律。

我往下走，失败了。

我往下走，成功了！规律是重复蓝点、黄星、绿点这组图案。

数学追追追

规律游戏是借由比较资料，训练自己掌握图案、数字等排列的能力。例如"2，5，8，11，14，17"这组数字也按一定规律排列，就是前一个数字加3等于后面一个数字。想想看，下面空格内的时间应该填几点几分？

| 2:00 | 2:05 | 2:10 | 2:15 | ? | 2:25 |

（答案请见62页）

被打乱的图案

15

花爷爷、花奶奶邀请了几位好朋友到公园一起享用下午茶。

花奶奶做的饼干又香又酥，真好吃。

一边吃点心，一边来玩动脑游戏吧！

好耶！

解出答案，可以拿一包我做的饼干回家哟。

这里有 5 张图，第一张是原始图，第二张和原始图相比，只有一个地方颜色相同；第二张与第三张相比，也是只有一处相同……以此类推，后一张都只有一个地方与前一张相同。

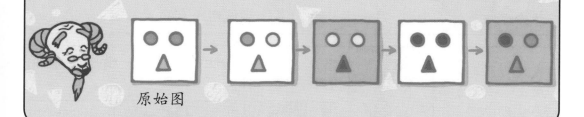

原始图

游戏开始时，只会告诉大家原始图是哪一张，其他 4 张图片的顺序会被打乱。

原始图

大家要找出图案的顺序，并将它排好。

游戏好有趣喔。

题目比示范题复杂很多哟。

知道玩法，就来出题。先让大家看原始图。

剩下这四张图的顺序已经被打乱。原始顺序和刚才示范的游戏一样，下一张图只有一个特征和上一张图一样。

A

B

C

D

只有眼、耳、鼻、嘴这四个部位会改变。

我发现眼睛有灰色、黄色；鼻子分长鼻、短鼻两种。

嗯，耳朵也是分大耳、小耳；嘴巴则有闭嘴和嘬嘴两种。

看得眼睛都花了呀。

请仔细比较每张图的细节，先找出原始图的下一张是什么？

我找好了！

B　　　D　　　C　　　A

哇，好快喔！

我来帮忙看答案。

花爷爷是要找前、后两张图只有一个特征相同。第一和第二张图，有三个地方相同。

啊！我弄反了。

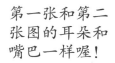

这是我排出来的顺序。

A　　　D　　　C　　　B

第一张和第二张图的耳朵和嘴巴一样喔！

没仔细比较，排错了。

数学追追追

图形辨识游戏是在训练观察力和逻辑推理能力，利用给的条件，比较图形的差异。花爷爷又出了一道题目，这次条件改成上一张图和下一张图只有一个地方不同，请排出正确的顺序。

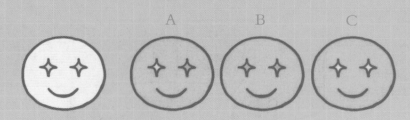

（答案请见62页）

解 答

第 4 页

14。
2+4+6+8+10+12=42
42÷3 = 14

第 8 页

花花文具店的书套，可以省下 4 元。

第 12 页

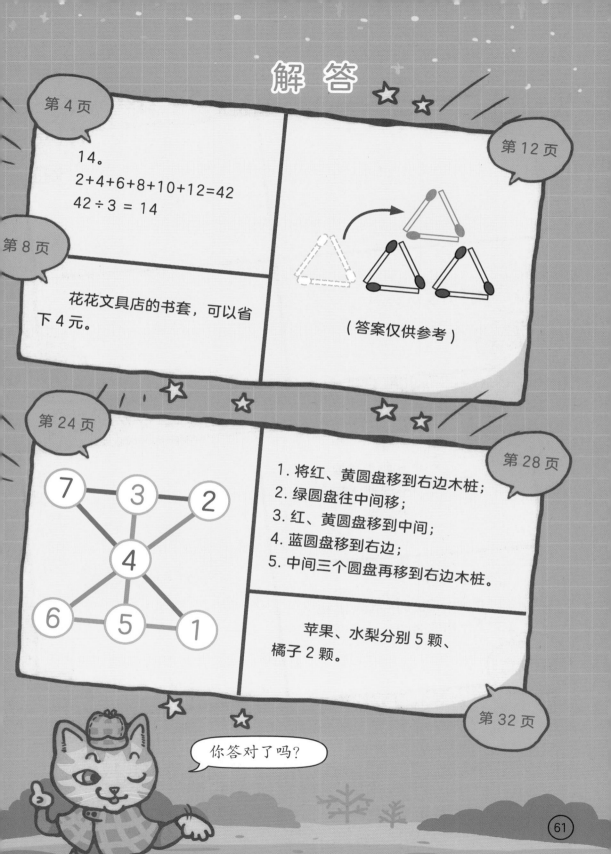

（答案仅供参考）

第 24 页

7 3 2
   4
6 5 1

第 28 页

1. 将红、黄圆盘移到右边木桩；
2. 绿圆盘往中间移；
3. 红、黄圆盘移到中间；
4. 蓝圆盘移到右边；
5. 中间三个圆盘再移到右边木桩。

苹果、水梨分别 5 颗、橘子 2 颗。

第 32 页

你答对了吗？

解 答

第 36 页

D → B → A → C。

第 44 页

010101。

蓝 > 红 > 紫 > 绿 > 黄

第 40 页

(2 , 3)

第 48 页

第 52 页

先拿 4 张书签换陶笛，便可以换到一颗大苹果、一颗小苹果。

C   A   B

2：20。
前一格的时间加 5 分等于下一格的时间。

第 56 页

第 60 页

趣味七巧板

　　下面是一个彩色七巧板，你可以沿着虚线将这一页里的七巧板剪下来，看看能不能拼成房屋、小鱼、天鹅的图形呢？结合第16页的"数学追追追"，你还能用这套七巧板拼成什么图形？快来试一试吧！

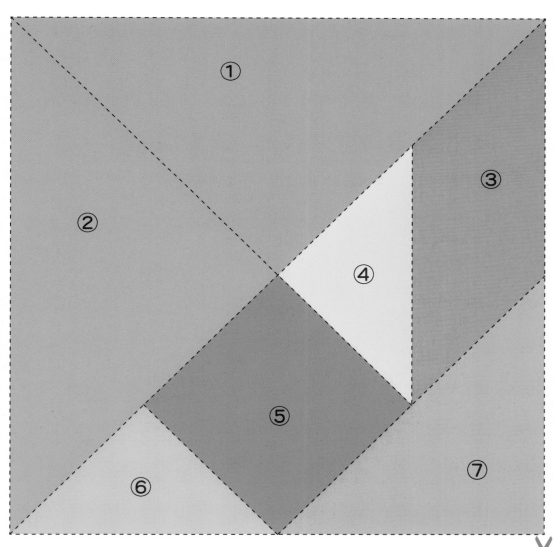

图书在版编目（CIP）数据

猫侦探的数学谜题. 1，神秘的读心术 / 杨嘉慧，施晓兰著；郑玉佩绘. -- 武汉：长江文艺出版社，2023.7
ISBN 978-7-5702-3036-5

Ⅰ. ①猫… Ⅱ. ①杨… ②施… ③郑… Ⅲ. ①数学—少儿读物 Ⅳ. ①01-49

中国国家版本馆 CIP 数据核字（2023）第 053933 号

项目合作：锐拓传媒 copyright@rightol.com

著作权合同登记号：图字 17-2023-117

猫侦探的数学谜题. 1，神秘的读心术
MAO ZHENTAN DE SHUXUE MITI. 1，SHENMI DE DUXINSHU

责任编辑：毛劲羽	责任校对：毛季慧
装帧设计：格林图书	责任印制：邱　莉　胡丽平

出版：长江出版传媒　长江文艺出版社
地址：武汉市雄楚大街 268 号　　邮编：430070
发行：长江文艺出版社
http://www.cjlap.com
印刷：湖北新华印务有限公司

开本：720 毫米×920 毫米　　1/16　　印张：4.25
版次：2023 年 7 月第 1 版　　2023 年 7 月第 1 次印刷

定价：135.00 元（全六册）
